AF298853

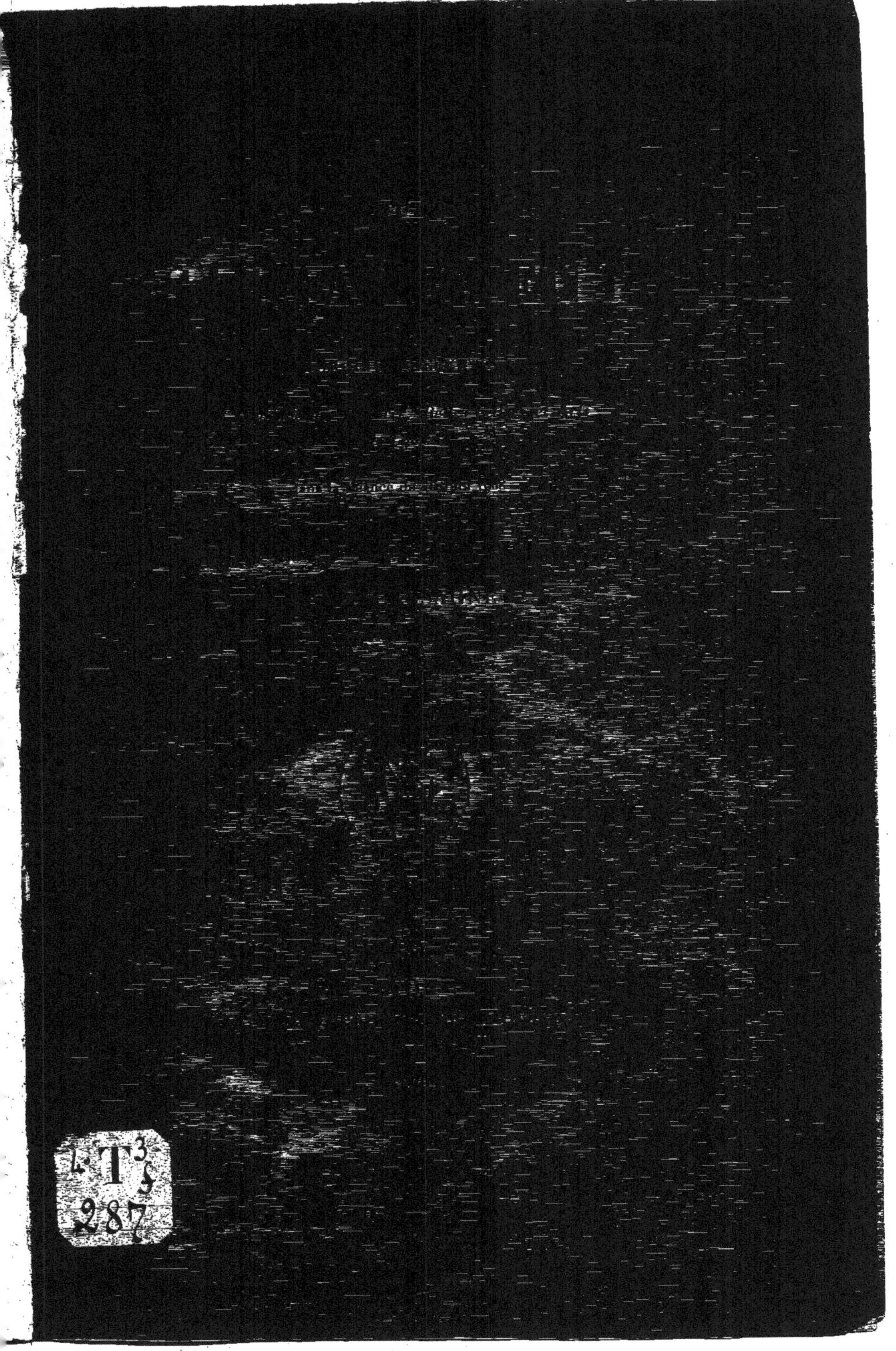

DU

SIGNALEMENT

MÉMOIRE PRÉSENTÉ

à l'Académie des Sciences, Belles-Lettres et Arts

de Lyon

dans la Séance du 16 Juin 1908

PAR

A. LACASSAGNE

LYON

A. REY, IMPRIMEUR DE L'ACADÉMIE

4, RUE GENTIL, 4

1909

DU SIGNALEMENT

MÉMOIRE PRÉSENTÉ

à l'Académie des Sciences, Belles-Lettres et Arts de Lyon

dans la séance du 16 Juin 1908

Le *signalement* est l'ensemble des particularités ou des éléments constituant l'identité d'une personne. Nous nous proposons, dans cette étude, d'indiquer ce qu'il est depuis longtemps et de préciser ce qu'il devrait être à notre époque.

Les questions d'identité ont toujours fait l'objet de nos études de prédilection : l'Ecole de Lyon a abordé et pu résoudre quelques-uns de ces importants problèmes.

Ainsi, pour l'identité d'un sujet, nous avons montré la fixation de sa taille par la mensuration des os longs (thèse d'Etienne Rollet (1889), affaire Gouffé (1891), affaire de Thodure (1898) ; l'appréciation de cicatrices (thèse de Villebrun, 1886), la valeur des tatouages (art. du *Dict. de Dechambre*, thèse de Mayrac, 1900), l'interprétation des signes professionnels, ceux fournis par la main, les caractéristiques des gauchers et des droitiers. (Jobert, 1885 ; Faure, 1902.)

L'identification par les empreintes du pied ou des doigts a été mise en évidence, dans notre laboratoire, par Coutagne et Florence (1889), Forgeot (1891) Frécon (1892) et, plus récemment, à propos de la dactyloscopie, par Locard (1903) et Yvert (1904).

L'importance des taches et leur valeur médico-légale sont montrées dans l'article spécial du *Dictionnaire de Decham-bre*, et par les découvertes si originales de Florence, les applications pratiques d'Etienne Martin.

L'identification des récidivistes, indiquée et fixée par Alphonse Bertillon, a été l'étude systématique et l'analyse raisonnée ou méthodique de chacun des traits essentiels du visage. Il en est résulté le *portrait parlé* et le classement des photographies des individus recherchés par la sûreté, dans un album appelé le D. K. V. Quand on connaît bien le système bertillonnien, les services qu'il a rendus, la précision pour ainsi dire mathématique qu'il a apportée dans l'identification des récidivistes et dans la fiche anthropométrique, on est disposé à traiter ce procédé de découverte géniale. C'était, vers 1890, l'avis de savants anglais qui prétendaient que la France n'avait alors que deux esprits vraiment originaux et extraordinaires : Pasteur et Bertillon.

Or, par ses origines, Alphonse Bertillon est un peu lyonnais. Son grand-père maternel, A. Guillard, était chef d'institution à Lyon, quand il publia, en 1855, le livre : *Eléments de statistique humaine ou démographie comparée.* Ce mot *démographie,* fut adopté et vulgarisé par son gendre Louis-Adolphe Bertillon, l'illustre statisticien et le père de notre ami, directeur actuel du service de l'Identification à la Préfecture de police.

Celui-ci est bien lyonnais par un ensemble de qualités : actif et persévérant, intelligent, réfléchi, et avec tout cela, doué d'une imagination fertile en procédés ingénieux. Aussi, cette année même, par le fait de l'agrandissement de mon laboratoire, j'ai cru rendre hommage à un de nos concitoyens, en donnant à une salle nouvelle le nom de *Bertillon.*

De tout temps on avait compris la difficulté à établir, d'une façon certaine, le signalement d'une personne. Il semble même que, jusqu'à une époque assez rapprochée de nous, seules les *ressemblances* ont joué un rôle important.

Pline a écrit un chapitre sous ce titre : *Exempla simulitudinum*. Ovide parle de *l'air de famille*. On connaît l'histoire de Sosie que Molière a reprise dans son *Amphitryon* :

> Des pieds à la tête il est comme moi fait :
> Beau, l'air noble, bien pris, les manières charmantes :
> Enfin deux gouttes de lait
> Ne sont pas plus ressemblantes.

L'emploi de conditions pareilles, fait comprendre l'intervention de ces ressemblances dans des procès ou causes célèbres. Ainsi, dans l'affaire du Courrier de Lyon, Lesurques est victime de sa ressemblance avec l'assassin. On cite de même les affaires Martin Guerre, Michel Noisen, le faux Caille, Baronnet : dans toutes, la ressemblance a joué un grand rôle.

Plus près de nous, rappelons les *faux Dauphins* (Louis XVII est mort le 8 juin 1795), au nombre de 29, se faisant connaître ou étant reconnus pour le fils de Louis XVI, de 1802 à 1830. Mentionnons l'affaire Tichborne, en Angleterre, dont le procès a duré cent trois jours, et, en 1889-90, l'affaire Gouffé.

Dans les sociétés primitives, pour ne pas être trompé par la ressemblance ou par les modifications apportées par l'âge, on marquait, afin de les reconnaître, les prisonniers de guerre : imprimant ainsi un signe indélébile de leur origine. D'après Plutarque (*Périclès,* 26) : les Athéniens marquent au front d'une chouette les prisonniers de Samos ; le même auteur (*Nicias,* 49) raconte que les prisonniers athé-

niens en Sicile furent marqués au front par les Syracusains
d'une tête de cheval. Il est évident que l'on faisait alors,
pour ces stigmates, usage des types qui se trouvaient sur les
monnaies: de même, au moyen âge, pour les tatouages,
on dut employer les emblèmes de bannières ou des sceaux
de corporation. Rappelons encore que les Thébains, qui pas-
sèrent dans l'armée de Xerxès, pendant la seconde guerre
médique, furent aussi marqués et signalés de même par
une *nota*, un *stigma*.

En Grèce, à Rome, on marquait les esclaves fugitifs et
les criminels.

C'est ce que Mercure rappelle à Sosie :

> Qui, dans Thèbes, a reçu mille coups d'étrivière
> Sans en avoir jamais dit rien,
> Et jadis, en public, fut marqué par derrière
> Pour être trop homme de bien.
>
> *(Amphitryon.)*

Au moyen âge, la marque s'établissait par l'application
du fer rouge. Celui-ci indiquait les armes de la province,
les fleurs de lys, les lettres T P et T (travaux publics),
G ou Gal (galère), F (faussaire), R (récidiviste), V (vol),
V. V (récidive de vol). A Lyon, les mendiants récidivistes
étaient marqués sur le bras à l'aide d'une sorte de scarifica-
teur qui inscrivait la lettre M.

Pendant le moyen âge et jusqu'au xviii⁰ siècle, il n'y a
point indication de procédés servant à relever le signalement : le plus souvent, on indique une ressemblance avec
telle ou telle personne, la taille approximative est fixée et
on relève une infirmité apparente.

Le signalement a été pratiqué de tous temps, et l'on est
surpris d'en trouver de passables dans l'antiquité. En voici
un, daté de l'an 106 et rédigé en grec à Alexandrie : « Un
jeune esclave d'Aristogène, fils de Chrysippe, portant le nom

de Kermon, alias Noïles, a pris la fuite. C'est un Syrien de Bambyko, âgé de dix-huit ans environ, de taille moyenne, sans barbe ; il a les jambes droites, le menton à fossettes, une verrue en forme de lentille à la face gauche du nez, une cicatrice sur la commissure droite de la bouche, et est tatoué de caractères barbares au poignet droit. Il porte une bourse contenant 3 mines 10 drachmes d'or, un anneau d'argent sur lequel est représenté un vase à parfums et une râcle ; il est vêtu d'une chlamyde et d'un tablier de cuir. Il est accompagné de l'esclave Bion, trapu, large d'épaules, aux yeux verdâtres, et qui est vêtu d'une tunique et du petit manteau d'esclave[1]. » On remarquera l'abondance des marques particulières et leur précision, rendant cette fiche signalétique archaïque parfaitement utilisable.

Notre Musée de Médecine légale possède deux exemplaires de congés délivrés à des soldats au xviiie siècle, et comportant des signalements. En voici un, relevé sur le permis de Joseph Maréchal, grenadier au régiment de Cambrésis : « Le trentième jour du mois de septembre mil sept cent soixante cinq. » J'en respecte soigneusement l'orthographe, assez savoureuse : « Joseph Maréchal, âgé de trente ans, de la taille de cinq pieds quatre pouces, cheveux et sourcil brun, les yeux gris, les prunelles saillantes (!), nez gros, visage long, marqué de quelque grain de petite vérolle, et de tache de rousseur, bouche grande. » Sur une autre pièce concernant le même sujet, la bouche devient simplement « médiocre ».

Nous avons une sorte de prospectus ou petite affiche,

---

[1] L'original a été exposé par la police de Hambourg à l'Exposition de Dresde en 1903. Cette pièce est décrite in *Archiven für Kriminal Anthropologie*, III, p. 318, et par Eugène Stockis dans « l'Identification judiciaire et le signalement international » in *Revue de droit pénal et de criminologie*, Bruxelles, janvier et février 1908.

pièce lyonnaise assez rare, indiquant la manière dont on relevait les signalements vers la fin du xviii° siècle.

NOMS DES QUINZE SCÉLÉRATS

ÉCHAPPÉS DES PRISONS DE LA MAISON COMMUNE

Le 21ᵉ Frimaire de l'an II°.

Joseph Labatte, âgé de vingt-deux à vingt-trois ans : taille de 5 pieds 2 pouces ; Bourguignon, habit brun.

George Félissant, grand jeune homme, blondin ; très jolie figure, âgé de vingt-deux ans, taille de 5 pieds 5 pouces, visage ovale, nez bien fait, lévitte grise.

Bernard Poral, marchand drapier, de Lyon ; âgé de trente-quatre ans, taille de 5 pieds 2 pouces, petit nez retroussé, yeux encavés, cheveux châtains.

Jacques George, dit Gabriel, commis du Procureur-Général-Syndic Menys, âgé de trente-quatre ans, taille de 5 pieds 1 pouce, gros visage plein, nez bien fait, yeux noirs, cheveux noirs.

Jean-François Vincent, âgé de quarante ans, petit homme maigre, taille de 5 pieds 1 pouce.

Coste-Jordan, âgé de cinquante-quatre ans, portant perruque, visage plein, coloré, assez bien de figure, taille de 5 pieds 2 pouces, teint rembruni et olivâtre, yeux et cheveux noirs, sourcils noirs peu fournis, nez effilé, bouche moyenne, menton rond.

Jean-François Duffourd, âgé de cinquante ans, blondin, veste bleu à la houssarde, taille de 5 pieds 4 pouces.

Mathieu Nesple, ouvrier en soie, section Gasparin, âgé de trente-six ans ou environ, taille de 5 pieds 3 pouces, visage maigre, cheveux châtains, ancien chantre.

Jean-Baptiste Monard, maigre.

Margaron, âgé de trente-cinq ans, bel homme, visage plein et rond, marchand de gaze, taille de 5 pieds 7 pouces, la peau blanche, figure régulière et agréable, yeux gros, noirs et fendus, nez bien fait, menton rond, les épaules assez larges, assez d'embonpoint, cheveux noirs.

Guinand, âgé de cinquante-trois ans, cheveux châtains, taille de 5 pieds.

Jacques Visadier, escroc, ayant servi en qualité de canonier sous

Préci, taille de 5 pieds 1 pouce, brun, visage ovale plein, âgé de
trente-quatre ans, section rue Buisson.

ANDRÉ-MARIE OLIVIER, ci-devant seigneur du Vivier, âgé de soixante ans,
visage laid, boiteux, taille de 5 pieds 4 pouces.

BENOIT COUCHOUX, gros homme, cheveux ronds, tirant sur le roux.

PIERRE COUCHOUX, âgé de vingt-trois ans, cheveux rouges, taille de 5 pieds 2 pouces.

> Tous les deux de Saint-Etienne

MARINO, *Président.*
VERD, *Secrétaire-général.*

La Convention promit 10.000 francs à celui qui arrêterait
Pâris, ancien garde du corps du roi, meurtrier de Le Pelle-
tier de Saint-Fargeau. Voici le signalement qui était donné :
« Cinq pieds cinq pouces, barbe bleue, cheveux noirs, teint
basané, belles dents, houppelande grise, revers verts, collet
blanc et chapeau rond. »

En 1804, au moment de la conspiration dite des
« brigands », *Georges Cadoudal* avait trente-trois ans. Il
était d'une obésité extraordinaire, et si large qu'il était dans
l'obligation de porter les bras éloignés du corps. Voici le
signalement que la police fit afficher sur les murs de Paris :

« Taille, cinq pieds quatre pouces ; extrêmement puis-
sant ; épaules larges ; tête effroyable par sa grosseur ; cou
très raccourci ; doigts courts et gros ; le nez écrasé et comme
coupé dans le haut ; yeux gris, dont l'un sensiblement plus
petit que l'autre ; teint coloré ; dents blanches ; favoris roux ;
marche en se dandinant, les bras tendus. »

Pendant presque tout le XIXe siècle, de 1800 à 1883, le
signalement des criminels tel qu'il figurait sur le registre
d'écrou, était conforme à la fiche suivante (p. 10).

Actuellement, l'identification des récidivistes est établie
en France, par le système de Bertillon, proposé en 1879,
adopté en 1882 par le Préfet de police, M. Camescasse ; sa
consécration officielle date de 1888. Dans d'autres pays,

CIRCONSCRIPTION
PÉNITENTIAIRE.   SIGNALEMENT

MAISON D'ARRÊT

d

Profession

Né à

demeurant à

âgé de | yeux

Taille de 1ᵐ | nez

cheveux | bouche

sourcils | menton

barbe | visage

front | teint

Marques particulières :

A   le   188

Le Gardien-chef,

on a adopté la dactyloscopie ou le système de Vucetich (1901)[1].

Tous ces systèmes d'identification laissent bien loin derrière eux, *la marque* dont nous avons déjà parlé.

La question d'identité se pose dans de nombreuses circonstances. Citons, par exemple, dans le Code d'Instruction criminelle les articles 518 à 520, 443 et 444, à propos des condamnés évadés et repris; dans le Code civil, les articles 115 et 132 concernant l'absence.

Mentionnons encore le signalement indiqué sur les ports d'armes, les passeports, celui qui est donné par les magistrats sur les prévenus en fuite.

Au temps des passeports, Joséphin Soulary dicta en ces termes son signalement à un employé de la Préfecture du Rhône, son camarade de bureau :

> Taille haute. Age : quarante ans.
> Né dans Lyon. Visage ovale.
> Cheveux et barbe grisonnants.
> Front élevé. Teint un peu pâle.
> Yeux gris bleu. Bouche au coin moqueur.
> Nez original. Menton bête.
> Signe particulier : du cœur.
> Nature du crime : poète.

Voici le mandat d'arrêt lancé, il y a quelques années, par la police de Budapest :

[1] On a voulu trouver dans la Bible une citation indiquant les empreintes digitales. Ainsi Jehovah dit à Israël : Je t'ai enseigné par le bout de mes doigts *(Isaïe, 49-16)*. Cette phrase a été traduite d'une autre façon : Je t'ai gravé sur les paumes (de la main).

Consulter : *Dactylologie et langage primitif restitués d'après les monuments*, par J. Barrois, Paris, Didot, 1850.

D'après le Talmud de Jérusalem *(Traité Yébamoth*, chap. xvi, 3), on indiquait certaines constatations à faire après le décès : « L'attestation de décès n'est valable que si elle se rapporte à la vue du visage et du nez; les signes distinctifs sur le corps ou sur les vêtements ne suffisent pas à cet effet... »

« Le nommé Weltner, né Papa, âgé de trente-six ans, taille moyenne, d'une certaine corpulence, visage ovale, teint d'une couleur vive, cheveux châtain foncé, nez régulier, yeux et cils bruns, moustaches moyennes pendantes.

« *Signe particulier:* Ressemblance frappante avec l'ex-roi Milan. »

Sur différents signalements de la première moitié du XIXe siècle nous avons relevé les notations suivantes :

Nez : droit, long ou court.

Bouche : large ou petite.

Menton : rond ou pointu.

Yeux : noirs ou gris.

Visage : ovale ou rond.

Signes particuliers : aspect dur, air bon enfant.

A notre époque, laissant de côté l'identité des détenus, très bien relevée par la fiche bertillonnienne actuelle et, en ce qui concerne les inculpés ou les détenus en fuite par le *Bulletin hebdomadaire de police criminelle*[1], nous ne nous occuperons que de l'identité dans la vie sociale.

L'état signalétique figure sur le passeport, le port d'armes, le permis de chasse, sur la carte d'identité pour chemins de fer, sur le livret militaire.

Nous nous proposons d'étudier spécialement le passeport et le livret militaire : nous montrerons ce qu'ils sont actuellement, leur inutilité archaïque, et les perfectionnements simples et pratiques que l'on peut introduire dans la rédaction et la confection de ces pièces importantes.

---

[1] Ministère de l'Intérieur, direction de la Sûreté générale ; contrôle général des services de recherches judiciaires, dont le commissaire principal est M. J. Sébille.

PASSEPORT DE LA PROVINCE DU PARANA (BRÉSIL)

LE PASSEPORT

On ne s'est pas occupé de cette question, et depuis l'usage
du passeport, celui-ci est resté sans modifications ou perfectionnements.

Je possède une collection de passeports du XIXe siècle :
c'est la même disposition générale, les mêmes indices du
signalement sur les feuilles délivrées par l'Empire, la Monar-
chie ou la troisième République. Aucun progrès n'a été
réalisé.

Les signalements descriptifs sont élémentaires, presque
puérils et sans aucune utilité pour les recherches sérieuses.
Il en est d'ailleurs ainsi dans presque tous les pays
d'Europe.

On voit indiqué : *taille, âge, nez, bouche, cheveux,
moustache* ou *barbe, teint, corpulence.*

C'est à peu près la formule uniforme adoptée par les différentes nations ; on trouve la même en Russie où cependant
une surveillance très active est exercée sur les révolution-
naires ou nihilistes, de telle sorte que les passeports ne
donnent pas les renseignements nécessaires pour établir
sûrement l'identité d'une personne.

Le Dr Tomellini (de Gênes), qui a traité cette question
dans nos Archives[1] raconte ce qui s'est passé dans l'affaire
Calvino.

Un dangereux anarchiste russe s'était approprié (on ne
sait pas au juste comment) pour rentrer dans son pays, le
passeport d'un professeur italien, un nommé Calvino. Par-
lant très bien l'italien, on le crut très facilement le véritable

Arch. d'anth. crim., etc., p. 175, 15 juillet 1908.

Calvino, et on n'eut aucun doute sur son identité. Condamné à mort comme porteur d'engins explosifs et chef d'une conspiration, c'est seulement au dernier moment, grâce à l'intervention du gouvernement italien qu'on a pu découvrir la véritable identité du faux Calvino.

Il est certain que deux individus peuvent sans trop de difficultés échanger leurs passeports et par conséquent transformer ainsi leur état-civil. On comprend de suite la gravité d'un pareil état de choses.

Il convient donc de modifier ce système vieillot et de le remplacer par les procédés modernes qui rendent impossible la substitution de la personnalité.

C'est ce qui d'ailleurs a été tenté dans l'Amérique du Sud, par une province du Brésil, l'Etat du Parana.

Nous empruntons à Tomellini la reproduction de ce passeport. Il contient deux photographies (profil et face, à la réduction bertillonnienne d'un septième). Le signalement est indiqué en quatre paragraphes distincts :

a) Marques visibles de la figure, des deux mains ;

b) Empreinte du pouce droit ;

c) Notations chromatiques (peau, cheveux, barbe, iris).

d) Mensurations anthropométriques (taille, diamètres de la tête, zygomes, longueur de l'oreille droite, longueur du médius et auriculaire de la main gauche, coudée).

Certes, ce passeport brésilien présente des avantages. C'est un progrès incontestable sur les passeports européens.

On peut cependant, comme l'a fait Tomellini, faire certaines objections et chercher à le perfectionner.

Il est évident que ce passeport ne peut s'appliquer aux femmes et aux enfants[1], il exige l'usage d'instruments appropriés et des agents exercés à les employer.

---

[1] Dans les chemins de fer français, les enfants au-dessous de trois ans

Timbre

Timbre

RÉPUBLIQUE FRANÇAISE

Département d

PASSEPORT A L'ÉTRANGER VALABLE POUR UN AN

Au nom du peuple Français,

Nous

requérons les Autorités civiles et militaires de la République Française et prions les Autorités civiles et militaires des États amis ou alliés de la *France* de laisser passer librement

M

natif

demeurant à

et de lui donner aide et protection en cas de besoin

Fait à

le

SIGNALEMENT

Taille

Le visage — Front: Arc^te, inclin^on, Haut^r, Larg^r, part^tés

Nez: Racine (prof^r); dos, base; Haut. Saillie Largeur; — — —; part^tés

Oreille droite: bord. Orig. — Sup^r — Post^r — ouv^t; lob. cont^r - adh^t — mod^é — Dimin^n; a. trg. incl. — prof^r — renv^t — Dimin^n; pli inf. — sup. — forme — « ec^t; part^tés

Marques particulières visage deux mains: Nævi, Cicatrice, Tatouages, Déformations — Visage; Main droite; Main gauche

Infirmités (claudication, amputation, perte d'un œil, etc.)

Signature du porteur.

N° du Registre.

Prix du passeport :

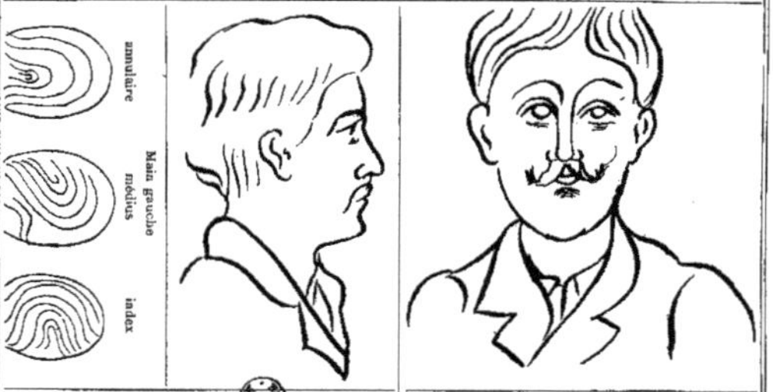

Tomellini propose les modifications suivantes qui lui paraissent plus pratiques :

1° Marques visibles à la tête, main gauche, main droite ;

2° Colorations de cheveux, barbe, etc.

3° Portrait parlé ;

4° Empreinte du pouce droit et du pouce gauche.

Notre collègue italien ajoute : « Deux seules empreintes digitales sont suffisantes ; les empreintes, bien que précieuses pour identifier l'individu, ne suffisent nullement comme méthode de classement. »

Pour nous, il est possible de mieux faire en évitant l'emploi d'instruments coûteux et exigeant une pratique constante que l'on ne pourrait pas demander à des employés de l'administration préfectorale. Rappelons que le portrait parlé décompose et indique les différents traits du visage, analyse et précise chacun de ceux-ci pris à part et peut ainsi les comparer aux mêmes traits correspondants d'un autre visage.

Voici notre passeport bertillonnien *(voir ci-contre)*.

Avec la toise, on relève la taille. Les mesures du visage peuvent être prises avec un double décimètre rigide, de même les particularités ou cicatrices des deux mains.

Dans le visage, on note successivement les particularités du *front* (arcades sourcilières, inclinaison, hauteur, largeur, etc.) ; du *nez* (profondeur de la racine, le dos et la base, la hauteur, la saillie et la largeur du nez, ses particularités) ; l'*oreille droite* (avec sa bordure : originelle, supérieure, postérieure, ouverture de celle-ci ; le lobe ou lobule, dont on

ne paient rien, de trois à sept ans, ils paient demi-place. Il y a souvent des discussions entre les parents et les agents de la Compagnie au sujet de l'âge de l'enfant. Il serait plus simple de décider que la demi-place n'est accordée qu'aux enfants dont la taille est au-dessous du mètre, c'est-à-dire jusqu'à cinq ans. Par ce procédé, toute contestation serait évitée.

indique le contour, l'adhérence, le modelé, la dimension ;
l'antitragus avec son inclinaison, le profil, le renversement,
la dimension ; l'anthélix ou pli, soit supérieur, soit inférieur
et leurs degrés de saillie). Il y a ensuite à relever quelques
marques des parties découvertes du visage ou des deux
mains, ce sont : les nævi, cicatrices, tatouages, déformations ;
puis les *infirmités*, ainsi claudication, amputation, perte d'un
œil, etc.

Au-dessous de ces signes se trouveront les photographies,
face et profil, d'après la méthode de Bertillon.

Enfin, les empreintes des trois doigts du milieu de la main
gauche : annulaire, médius, index.

La colonne de droite sera, conformément au passeport
actuel, consacrée à l'état civil du porteur du passeport qui
apposera d'ailleurs sa signature ou, s'il ne sait le faire,
mettra à la place l'empreinte de son pouce droit.

Tel est ce projet de passeport. Je n'ose pas espérer que
notre administration routinière soit disposée à l'adopter
immédiatement. Il n'en sera peut-être pas ainsi dans d'autres pays et j'ai confiance qu'un jour, en Europe, si l'usage
ou la nécessité des passeports se continue, on aura un modèle
uniforme, vraiment exact parce que scientifique et dont les
principaux éléments trouveront leur application dans le port
d'armes, le permis de chasse, la carte d'identité.

LE LIVRET MILITAIRE

De l'avis de tous, le signalement indiqué par le livret n'a
aucune valeur. Cependant, cette fiche de renseignement
concernant l'identité est restée la même depuis plus d'un
siècle : elle se perpétue ainsi indéfiniment grâce à son
ancienneté.

Comme sur le congé du soldat du régiment de Cambrésis, en 1765, dont nous avons parlé plus haut, le livret militaire indique à la première page les nom et prénoms ; puis, dans deux colonnes d'abord les renseignements concernant l'état civil, puis, le signalement suivant :

Cheveux, sourcils, yeux, front, nez, bouche, menton, visage, taille 1 mètre   cent.; marques particulières.

Nous avons, avec le Dr Edmond Locard, indiqué les défectuosités de ce signalement, ainsi que l'avaient déjà montré les médecins majors Tranchant et Toubert[1].

Le livret militaire est établi par les soins du recrutement. C'est un soldat ou un sergent qui prend le signalement de l'homme au moment de l'engagement ou des opérations du Conseil de revision. Lorsque l'homme arrive au régiment, il est examiné à nouveau par le médecin du corps, qui peut rectifier le signalement.

Avec les indications qui figurent actuellement sur le livret militaire, le signalement ne sert à rien, et, on comprend qu'un homme ait pu sept fois s'engager à la Légion étrangère sous des noms différents. Il y a eu des engagements ainsi répétés aux Tirailleurs algériens. M. Tranchant a fait voir que les sujets, réformés comme impropres au service, échangent leurs papiers avec des hommes admis à la Légion, et rendent ainsi illusoire le contrôle médical[2].

---

[1] Tranchant *(Caducée* du 7 mars 1908). Toubert *(Caducée* du 5 avril 1908). Lacassagne et Locard *(Caducée* du 2 mai 1908).

[2] **Application de la dactyloscopie pour les engagements dans la Légion étrangère.**

ARRÊTÉ relatif aux hommes qui s'engagent à la Légion étrangère après avoir été réformés (octobre 1907).

Un certain nombre d'hommes ont été signalés comme s'étant engagés à la Légion étrangère, bien qu'ayant été réformés à plusieurs reprises.

Afin d'éviter autant que possible le retour de pareils faits, les colonels commandant les régiments étrangers devront établir pour chaque militaire

C'est qu'en effet, la première page du livret donne du soldat une description somatique où figurent la taille, les traits du visage et les marques particulières. Tout cela est rédigé avec des qualificatifs d'une banalité constante. Il arrive que ce signalement est un portrait vague et indécis qui peut s'appliquer à un visage humain quelconque. Tout soldat, après la description faite par un sergent ou un gendarme, se trouve doué d'un visage ovale, d'un menton rond, d'un front ordinaire, d'un nez moyen et d'une bouche moyenne : les marques particulières sont toujours définies, précisées

de ces régiments qui aura été réformé deux fois un signalement détaillé, conformément aux prescriptions de la circulaire du 14 août 1906 (B. O. P. R., p. 1120); ils enverront ce signalement aux commandants d'armes de Marseille et de Port-Vendres pour être remis aux Commissions chargées de procéder, dans les ports d'embarquement, à la contre-visite des engagés.

Les commandants des bureaux de recrutement sont invités, de leur côté, à se conformer strictement aux prescriptions de la circulaire du 27 mai 1908 (B. O. P. S., p. 542), relative à l'aptitude physique à exiger des hommes qui demandent à s'engager à la Légion étrangère.

Signé : G. PICQUART.

CIRCULAIRE relative aux mesures à prendre pour reconnaître les militaires renvoyés pour inconduite des troupes coloniales et de Légion étrangère (Application du décret du 14 août 1906).

Paris, le 14 août 1906.

Pour permettre l'application de l'article 4 du décret du 14 août 1906 indiquant que tout individu reconnu comme ayant été renvoyé soit des troupes coloniales, soit de la Légion étrangère par résiliation d'engagement ou de rengagement par mesure disciplinaire, qui aura contracté un engagement au titre de l'un des régiments étrangers, pourra être traduit devant un Conseil de discipline, quel que soit le temps de service accompli depuis cet engagement, et voir son acte d'engagement annulé, il a paru nécessaire de prendre des mesures propres à faire reconnaître facilement cette catégorie de militaires.

Dans ce but, il y aura lieu de se conformer dorénavant aux prescriptions suivantes :

1° Lorsqu'un militaire sera expulsé pour inconduite soit des troupes coloniales, soit de l'un des régiments étrangers, il fera l'objet d'un signa-

ou décrites par le mot *néant* ou par l'absence d'un qualificatif quelconque. Il en résulte, qu'à ce point de vue, les hommes d'une compagnie pourraient changer de livret, sans qu'on pût s'apercevoir de cette substitution.

Il nous paraît évident qu'il y a insuffisance des procédés actuels d'identification des engagés ou appelés, comme l'a montré M. le médecin-major Toubert, agrégé du Val-de-Grâce. De plus, il est certain qu'on peut supprimer la première page du livret sans compromettre la garantie d'identité.

lement très détaillé établi par les soins du médecin chef de service. Indépendamment des renseignements portés au livret, ce signalement indiquera les marques particulières existant sur les différentes parties du corps de l'homme, les déformations, tatouages, cicatrices, etc. Au verso de ce document, le médecin du corps fera prendre *l'empreinte du pouce et des doigts des deux mains.*

Le signalement ainsi complété sera établi en deux expéditions adressées respectivement à chacun des deux colonels commandant les régiments étrangers, qui en assurera la conservation pendant quinze ans et le détruira ensuite.

Pour assurer ce service, les corps de troupes des troupes coloniales et des deux régiments étrangers sont autorisés à faire l'achat du matériel nécessaire au compte des fonds communs de la masse d'habillement.

Ce matériel se compose d'un petit rouleau de gélatine, d'une plaque en zinc fixée sur un socle en bois; le tout, de dimensions très exiguës, ne nécessitera qu'une dépense de 5 francs y compris le tube d'encre grasse d'imprimerie.

Ces objets peuvent être achetés chez M. Durand, constructeur à Paris, 45, avenue de la République.

Pour prendre une empreinte, il suffit d'apposer le doigt sur la plaque en zinc, préalablement enduite d'une légère couche d'encre grasse et de reporter le doigt maculé sur le papier. Les empreintes peuvent être classées en quatre catégories, suivant la forme générale du tracé des filigranes : direction oblique externe, direction oblique interne, forme ovale, forme en dos d'âne ou d'U renversé.

L'identification se fait en comparant les formes générales du tracé des filigranes, en constatant la présence simultanée sur les dessins à rapprocher de certains détails et en observant les emplacements respectifs de ces détails (bifurcations et arrêts de lacets, lacets en segments, dédoublements de sillons, présence de points ou îlots, etc.).

Signé : Eug. ETIENNE.

Toutefois, comme le signalement du livret a une raison d'être, il est utile de le renouveler de fond en comble.

Voici les mensurations ou particularités à relever et inscrites comme on peut le voir dans le tableau ci-dessous :

Nom
(écrit en bâtarde)

Prénoms

Surnoms

Longueur du Pied gauche   Taille : 1 mètre   cent.

Nez { Racine / Direct. / Haut.   Base   Saillie

Front Dir.   H'   L'

Lobule de { Cont. / Mod.   Ad. / Dim.
l'oreille D"

Marques particulières

Face

Main dr.

Main gau.

Etat-civil.

Né le
à
canton de
départ. de
résidant à
canton
départ.
profession
fils de
et de
domicilié à
canton
départ.
marié le
à
alors domicilié à
départ. de

Pouce — Index — Médius — Annulaire — Auriculaire (Main droite.)

Pouce — Index — Médius — Annulaire — Auriculaire (Main gauche.)

La taille est une mesure indispensable. Il y a peut-être quelque avantage à mesurer la longueur du pied, du pied gauche par exemple, puisque d'après le Dr Ravé[1], cette longueur est en rapport constant avec celle du pas. Il suffirait, pour prendre cette mesure, de disposer une planchette graduée au bas de la toise et, y attenant, une équerre massive : celle-ci posée au contact du gros orteil, donnerait la longueur du pied, placé perpendiculairement à la toise.

Pour les autres parties du signalement proposé, on objectera sans doute que ces méthodes nouvelles sont employées dans les services anthropométriques des prisons. N'assimile-t-on pas nos soldats à des récidivistes, va-t-on dire ?[2] Tout

[1] *Ravé*, « Etude d'un classement plus rationnel du fantassin sur les rangs, d'après la longueur des pieds et non d'après la longueur de la taille » *(Arch. d'anth. crim.*, mars 1908) : L'homme marche avec ses pieds, c'est-à-dire que le pas normal de chaque individu reste à peu près égal à trois fois la longueur du pied. Les hommes petits et les hommes de taille moyenne ont une tendance à avoir un long pied ; les hommes grands ont une tendance opposée.

[2] Le Ministre de la guerre a décidé que, dans les prisons militaires, les procédés de mensuration anthropométrique seront appliqués, aussitôt après l'accomplissement des formalités d'écrou, aux militaires condamnés, à l'exception toutefois de ceux condamnés pour délits militaires autres que la désertion et l'insoumission. Le bénéfice du sursis à l'accomplissement de la peine ne dispense pas de la mensuration.

Tous les sous-officiers de chaque prison, y compris le greffier et l'agent principal, doivent être à même de dresser un signalement anthropométrique.

Le major de la garnison développe par tous moyens, tels que l'assistance périodique aux opérations pratiquées dans la prison civile, l'habileté professionnelle des sous-officiers à la mensuration. Semestriellement, après s'être pourvu des fiches alphabétiques et anthropométriques de quelques condamnés présents, il fait procéder sous ses yeux et séparément par chacun des sous-officiers, au contrôle des signalements, de façon à juger du degré de concordance obtenu. Dans l'établissement du travail annuel d'avancement, les connaissances anthropométriques des sous-officiers des prisons militaires font l'objet d'une note spéciale.

(B. O. R., 1907, n° 43.)

Consulter Locard, *l'Identification des récidivistes*, Paris, Maloine. — Lacassagne, *Précis de médecine légale* (2ᵉ édit.), Paris, Masson.

esprit scientifique repoussera ces délicatesses étranges : si la méthode est bonne et donne des résultats certains, elle doit être employée.

D'ailleurs, il n'est pas dans nos intentions d'appliquer à l'armée la photographie judiciaire, les mensurations du crâne ou des doigts. Nous ne proposons que l'adoption, dans le portrait parlé de Bertillon, des caractères essentiels et ceux qui présentent une valeur signalétique incontestable. Nous y ajoutons les empreintes digitales roulées des deux mains [1]. Des instructions ornées de figures seraient affichées dans les bureaux où se rédigent les signalements : les sous-officiers chargés de ce service y verraient la façon, apprise d'ailleurs très vite, de décrire le front, le nez et le lobule de l'oreille droite.

L'on aurait ainsi, au lieu de la série monotone et inexacte d'épithètes sans valeur, un signalement entièrement précis, pas plus long à écrire et d'une efficacité absolue. Insistons

---

[1] Le professeur Dastre a présenté à l'Académie des Sciences (séance du 1er juillet 1907), au nom de la Commission nommée par l'Académie et qui était composée de MM. d'Arsonval, Chauveau, Darboux, Dastre et Troost, un rapport sur la question posée par M. le Ministre de la Justice (ce rapport a été publié dans les *Arch. d'anth. crim.* 1907, p. 842.)

Le garde des sceaux invitait l'Académie à « lui faire connaître son sentiment sur le crédit qu'il faut accorder aux méthodes anthropométriques relatives aux empreintes des doigts pour fixer l'identité d'un individu et sur les moyens de contrôle à établir pour prévenir, dans leur application, les déductions inexactes. »

Voici la première conclusion de ce rapport : « Les empreintes digitales considérées chez un même individu sont immuables depuis le plus bas âge jusqu'à la vieillesse la plus avancée. Elles diffèrent d'un doigt à l'autre, d'un individu à l'autre. La concordance des empreintes digitales des dix doigts, examinées dans leur forme générale et dans les six espèces de particularités que l'on y distingue, constituerait une presque certitude de l'identité. La chance d'erreur serait au-dessous de 1 sur 64 milliards. La concordance des empreintes de plusieurs doigts ou même d'un seul constitue encore une présomption d'identité, extrêmement forte. La valeur signalétique de l'empreinte digitale est au moins égale à celle de tout autre ensemble de caractères physiques. »

sur la nécessité de remplir la case affectée aux *marques particulières*, avec la mention : nævi (ou envies) cicatrices, tatouages, déformations (tératologiques, pathologiques, professionnelles). Tout homme est porteur d'un certain nombre de marques indélébiles : un minimum de trois serait suffisant et par conséquent devrait être inscrit.

Dans ces conditions, nous pouvons affirmer qu'au signalement actuel, très archaïque sans doute, mais inutile et presque grotesque, on substituerait un signalement systématisé qui donnerait les meilleures preuves d'identité en médecine légale militaire.

Lyon. — Imprimerie A. REY et Cⁱᵉ, 4, rue Gentil. — 45879

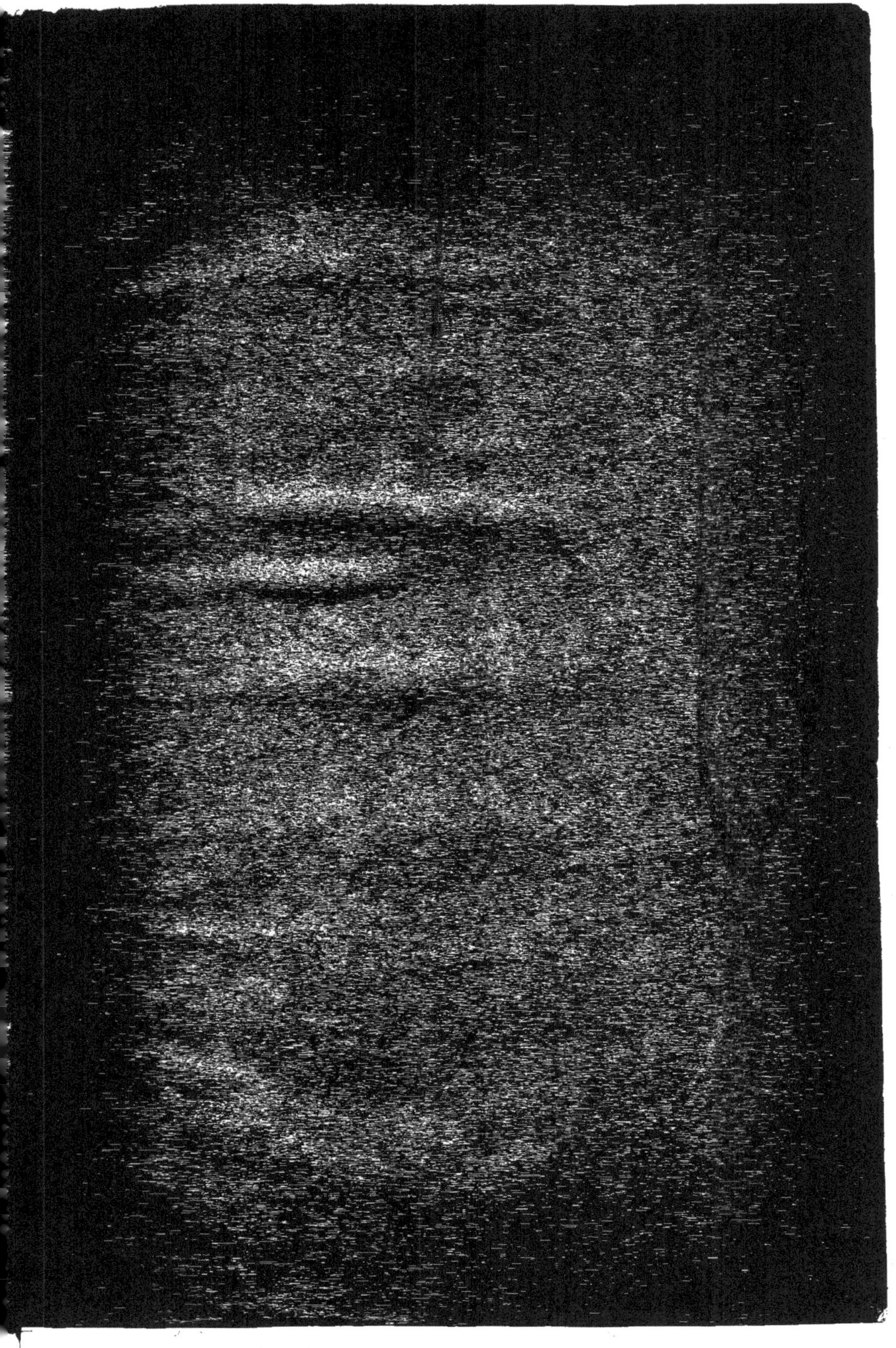

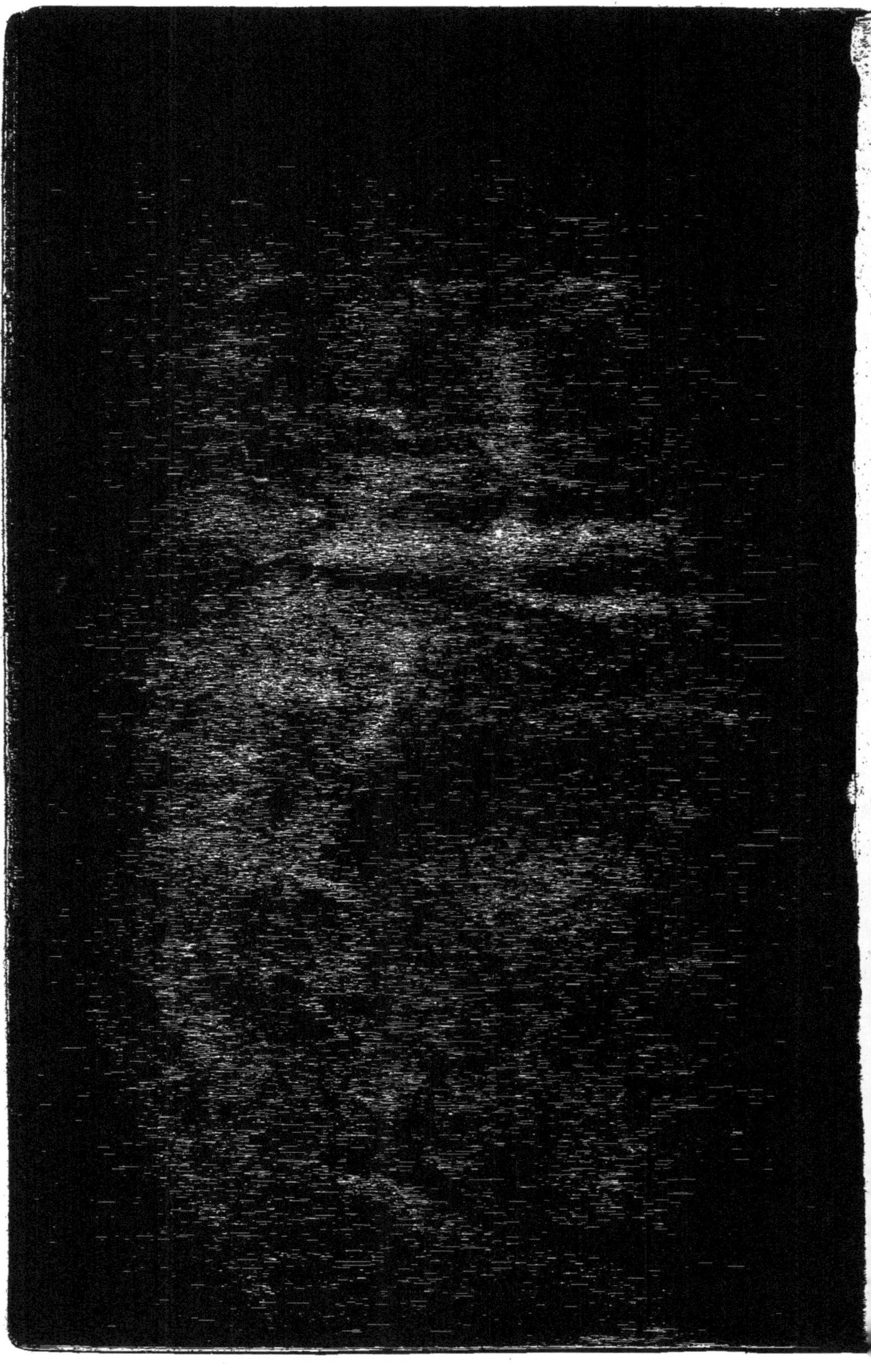

www.ingramcontent.com/pod-product-compliance
Ingram Content Group UK Ltd.
Pitfield, Milton Keynes, MK11 3LW, UK
UKHW020102100726
13658UKWH00004B/1919